EF58
昭和末期の奮闘
所澤秀樹 著
創元社
JN207326

目次

大扉（前頁）：昭和60（1985）年８月14日　9023列車：特急「サロンエクスプレス踊り子」　EF58 61［新］＋南シナ14系欧風客車〈サロンエクスプレス東京〉
伊豆急行線・片瀬白田～伊豆稲取

昭和60（1985）年４月28日　機関区構内展示　EF58 36［関］　EF58 61［新］
米原機関区

上：昭和60（1985）年４月２日　機関区構内展示　EF58 89［田］　EF58 61［新］
高崎第二機関区

下：昭和61（1986）年10月10日　機関区構内展示　EF58 122［田］　EF58 66（廃車済）　高崎第二機関区

前座　ゴハチを追いかけて、東へ西へ

性懲りもなく、またしてもゴハチの記録写真集を編ませていただくことになった。これまで、『EF58 昭和50年代の情景』、『EF58 国鉄最末期のモノクロ風景』、『EF58 国鉄民営化後の残像』、『飯田線のEF58』と上梓し、本書は5冊目となる。我ながらあきれるばかりだ。

今回もまた素人写真の域を出ないが、当時は暇さえあればゴハチを追いかけていたから、質はともかく、量はそれなりにあり、その時代を知るよすがにはなろう。なかには稀少な運用もあり、多少は資料的な価値もあるかもしれない。

今回は「昭和末期の奮闘」と銘打って、昭和50（1975）年3月のダイヤ改正から昭和の終わりまでに撮影した写真を時系列的に並べた。カバーに使用した写真を合わせると226点の収載となる。が、本書をざっとご覧いただくと、ほかの時期に比して、昭和50年代初頭から中期にかけての写真がやや少ないと感じられるかもしれない。白状すれば、筆者がゴハチに熱を上げだしたのは、昭和58（1983）年の末あたり――同機の代表的な活躍の舞台だった東海道・山陽本線から定期仕業が消滅する情報が飛び交いはじめたころ――からだった。何分、尻に火が付かなければ動じない性分ゆえの体たらく。まさに後悔、先に立たずだ。

そのころ、巷（ちまた）のゴハチ人気の高まりは凄まじかった。東海道本線の名だたる撮影地では、それまで「あさかぜ」「さくら」「はやぶさ」などの寝台特急ブルートレインが肩で風を切っていたものだが、判官贔屓（ほうがんびいき）極まれり、ゴハチの定期仕業がなくなるとなれば、趣味人は皆こぞってゴハチの牽く急行荷物列車にレンズを向けるようになった。いわば“俄（にわか）仕込み”のゴハチ好きが雨後の筍のごとく増えた時期で、かく言う私もそのころの一人だ。

という次第で、昭和50年代中期までが手薄なことについてはご寛恕いただきたい。また、当該の写真は子供のころの写真ゆえ、なかには杜撰（ずさん）なものもあってお恥ずかしいかぎりだが、記録写真ということでご海容願いたい。

一方、昭和58年末から昭和61年にかけては、私がもっとも熱病に冒されていた時期で、写真も充実している。したがって、この時期を核として本書を編んだ。思い起こせば、その日その時かぎりの団体専用臨時列車をひたすら追いかけてい

た時分で、本書にもそれが反映されている。

運転情報を集めるのはいまのように簡単ではなかったが、それもまた楽しかった。ご同輩の方々はよくご存じのように、当時、丸の内の国鉄本社ビル内にあった書店では、東京南鉄道管理局や東京北鉄道管理局などが発行する“局報”の通信販売を行っており、その号外から臨時列車の細かな運転情報を入手することができた。また、品川駅などに集う趣味人らのネットワークの存在も大きく、運転情報はもとより、撮影の心得や作法も学んだ。メンバーのなかには、上方の大阪鉄道管理局や天王寺鉄道管理局の情報収集に長けた御仁までいた。いまよりずっと人間関係が濃密で、それがモノをいう時代だった。

思い出話はこれくらいにして、本編に進んでいただこう。写真は、線区単位や地域単位ではなく、時系列で並べた。したがって、ページをめくるたびに撮影地がめまぐるしく変わっているところもある。情報を仕入れては東奔西走していたためで、その様子を想像していただくのも一興かもしれない。

昭和52(1977)年7月21日　6103列車：急行「八甲田54号」　EF58 102[宇]＋12系
東北本線・上野

第一幕　無情の風

第一幕では、山陽新幹線が博多までの延伸を果たす昭和50（1975）年3月10日の全国ダイヤ改正から、国鉄の貨物輸送に大胆なメスが入れられた昭和59年2月1日全国ダイヤ改正直前までのEF58の活躍をたどる。

この時代は、EF58にとっては、まさしく受難続きだった。50年代初めのころこそ、たとえば50年3月改正では新設の寝台特急（「安芸」「いなば・紀伊」「北陸」「北星」）の牽引仕業を東海道・山陽本線や高崎・上越線、東北本線直流区間で任されたり、あるいは昭和53（1978）年10月2日改正では新たに紀勢本線・新宮～和歌山間に進出したり（定期仕業では普通列車を牽引）するなど、プラスの面も見られた。だが、53年3月、それまで全機172両が健在だったEF58に初めての廃車が出る。竜華（りゅうげ）機関区の21号機と28号機だ。以降、五月雨（さみだれ）式に仲間を減らしていくことになる。

50年代のEF58衰退の歴史を要約すれば、こうだ。まず、53年10月改正で東北本線での特急仕業（「北星」牽引）が消滅。続いて54年7月には関西発着の定期寝台特急（「明星」「あかつき」「彗星」）の牽引がなくなる（山陽本線では定期夜行急行の仕業こそ残るが、これも54年10月1日改正で消滅。下関運転所ではEF58が無配置化）。大打撃を食らったのは昭和55年10月1日改正で、それまで高崎・上越線・信越本線（海線）を縄張りとしていた長岡運転所のEF58全機が運用離脱する。

一方、東海道本線でも特急「出雲3・2号・紀伊」と急行「銀河」の牽引がなくなる。そして、広島機関区のEF58は臨時仕業のみと化す。さらには、上越新幹線が開業した昭和57年11月15日改正で、高崎第二機関区のEF58（高崎・上越線、信越本線新潟口、東北本線直流区間で運用）が定期仕業を失い、また、東北本線でも宇都宮運転所のEF58の定期急行仕業が「八甲田」「津軽」の2往復のみとなる。まさしく“衰退の歴史”といえよう。昭和58年ごろのEF58といえば、東海道・山陽本線では荷物列車専用機といった印象になり果てていた。ただ、同年夏には臨時仕業で、私鉄の伊豆急行線入線を成し遂げている。

金沢駅発の「北陸」が５時45分に到着した８番線の右隣、９番線にはテマーク付きの麻袋（郵袋）が置かれている。４時47分着の直江津駅からの302列車・急行「妙高５号」の郵便車で着いたものだろうか。当時の郵便輸送は国鉄に負うところが大きかった。

昭和50（1975）年３月26日　3002列車：特急「北陸」　EF58 110［長岡］＋北オク20系　東北本線・上野

スカイブルーの京阪神緩行103系に迎えられ、終着の新大阪駅に7時47分に到着した「彗星2号」。昨日の15時28分に始発駅・都城を出て16時間に及んだ長旅が、いま終わろうとしている。

昭和50(1975)年4月3日　3006列車：特急「彗星2号」　EF58 81［広］＋大ムコ24系25形　東海道本線・新大阪

昭和50(1975)年９月７日　回814列車(「鳥海」回送)　EF58 130[高二]＋旧型客車・10系寝台車・荷物車　東北本線・尾久

EF58 107の後押しで尾久へと回送する「北陸」編成。推進運転は、通常は制限速度25km/hだが、先頭の客車に推進機関士が乗務し、緊急時はブレーキ管接続の「推進弁」でブレーキ操作と汽笛合図を行うため、45km/hまで許容される。

昭和51（1976）年10月10日　推回3002列車（「北陸」回送）　EF58 107［長岡］＋北オク20系　東北本線・上野

昭和51（1976）年10月10日　104列車：急行「銀河」　EF58 42［宮］＋大ミハ20系　東海道本線・東京

昭和52(1977)年７月21日　402列車：急行「津軽１号」　EF58 58[宇]＋郵便車・10系寝台車・旧型客車　東北本線・上野

昭和52(1977)年７月21日　運転所構内留置　EF58 123［宇］　宇都宮運転所

昭和52(1977)年７月21日　3001列車：特急「北陸」　EF58 107[長岡]＋北オク20系　東北本線・上野

急行「銀河」は、東海道新幹線開業前に数多く運転された東京～大阪間寝台列車のなかでも、戦前の名士列車の流れをくむ代表的な存在だった。新幹線開業後も生き残り、特急用20系寝台車を初めて急行に転用したのも「銀河」だ。

昭和52(1977)年７月　104列車：急行「銀河」　EF58 53［宮］＋大ミハ20系　東海道本線・大森～大井町

昭和52（1977）年８月14日　9604列車：急行「但馬53号」　EF58 43［宮］＋12系　東海道本線・大阪

梅田の阪神百貨店を背に、いま旅立とうとするのは、新大阪発西鹿児島行の寝台特急「明星２号」。大阪駅の発車は18時51分、終点には明朝９時43分に着く。当時の旅は長く遠いものだった。

昭和52（1977）年８月14日　25列車：特急「明星２号」　EF58 18［広］＋大ムコ24系25形　東海道本線・大阪

昭和52（1977）年８月16日　43列車：特急「あかつき３号・明星６号」　EF58 115[広]＋門ハイ14系寝台車　東海道本線・大阪

背景の車庫、品川電車区に留置されるのは山手線の103系電車。先頭車を見れば、初期車の低運転台車とATC化準備の高運転台車が混在しており、時代を感じさせる。

昭和52(1977)年９月　荷34列車　EF58 118[米]([浜]仕業の代走)＋荷物車・郵便車　東海道本線・大井町～品川

昭和53（1978）年１月１日　荷36列車　EF58 93［宮］＋荷物車・郵便車　山陽本線・広島

昭和53（1978）年１月29日
104列車：急行「銀河」　EF58 XX［宮］＋大ミハ20系　東海道本線・真鶴～根府川

昭和53(1978)年7月28日
荷35列車　EF58 139[宮]＋EF58 164[浜]＋荷物車・郵便車
東海道本線・大井町〜大森

汐留発熊本行の荷35列車は当時、浜松機関区のEF58本務機に加え、名古屋駅まで前補機の宮原機関区EF58が付くという重連だったから、人気が沸騰した。マニ型荷物車に荷貨共用のワキ・ワサフほかが15両も連なる重量級列車ゆえの対策だった。

昭和53（1978）年10月　102列車：急行「八甲田」　EF58 172［宇］＋スニ41・旧型客車　東北本線・赤羽〜尾久

昭和54(1979)年１月　6102列車：急行「銀河52号」　EF58 147［宮］＋14系座席車　東海道本線・品川

私鉄の伊豆急行線内でのEF58の運転は、当然ながら伊豆急行の運転士が担当した。同社にはED25形という電機が1両あった。貨物列車も運転されたが、国鉄のF型電機の運転に際しては、相応の特訓で腕を磨いたことだろう。

昭和58(1983)年10月16日
9023列車：特急「サロンエクスプレス踊り子」　EF58 88［東］＋南シナ14系欧風客車〈サロンエクスプレス東京〉　伊豆急行線・富戸～城ケ崎海岸

昭和58(1983)年10月16日
9024列車：特急「サロンエクスプレス踊り子」　EF58 88［東］＋南シナ14系欧風客車〈サロンエクスプレス東京〉　伊豆急行線・伊豆急下田

昭和58（1983）年12月29日　荷39列車　EF58 113［米］＋荷物車・郵便車　山陽本線・岡山

EF58は客車暖房用の蒸気を作るSG＋水タンクを搭載し（EG化改造車を除く）、冬期には暖房を自給できない客車（荷物車・郵便車を含む）にその蒸気を送り込む。ただ、客車の連結・切り放し作業がある駅では蒸気の供給を中断し、大気中に放出する。

昭和58（1983）年12月29日
停車場構内入換運転（～荷2047列車） EF58 146［宮］＋荷物車・郵便車　山陽本線・岡山

昭和58（1983）年12月29日　荷2031列車　EF58 126［宮］＋荷物車・郵便車　山陽本線・広島（給水作業中）

昭和58（1983）年12月29日　荷2031列車　EF58 126［宮］＋荷物車・郵便車　山陽本線・広島

昭和59（1984）年1月1日　荷33列車　EF58 166［浜］＋荷物車・郵便車　山陽本線・小郡（現・新山口）～嘉川

昭和59(1984)年 1月15日
荷31列車　EF58 160[浜]＋荷物車・郵便車　東海道本線・根府川～真鶴

昭和59（1984）年1月15日
9103列車　EF58 88［東］＋南シナ14系欧風客車〈サロンエクスプレス東京〉
東海道本線　根府川～真鶴

昭和59（1984）年１月15日　荷36列車　EF58 118［米］＋荷物車・郵便車　東海道本線・根府川〜早川

昭和59(1984)年1月16日　荷38列車　EF58 172[宇]＋荷物車・郵便車　東北本線・久喜～白岡

昭和59（1984）年１月16日　荷33列車　EF58 169［浜］＋荷物車・郵便車　東海道本線・品川～大井町

汐留駅に発着する東海道本線の急行荷物列車は、昭和54年10月改正以降、汐留～東京貨物ターミナル～浜川崎～鶴見～横浜羽沢～戸塚という貨物線ルートをたどる。ただ、熊本行の荷33列車のみ横浜羽沢駅での荷扱がないことから、従来どおりの旅客線経由だった。

昭和59（1984）年１月22日　荷31列車　EF58 169［浜］＋荷物車・郵便車　東海道本線・早川～根府川

昭和59(1984)年1月22日　荷36列車　EF58 77[米]＋荷物車・郵便車　東海道本線・真鶴〜根府川

昭和59（1984）年１月22日　荷33列車　EF58 159［浜］＋荷物車・郵便車　東海道本線・根府川〜真鶴

昭和59(1984)年１月29日
4804列車：急行「ちくま４号」　EF58 101［宮］＋大ミハ20系・12系
東海道本線・京都

この頃の東海道本線におけるEF58の定期急行旅客列車牽引は、501・502列車（急行「きたぐに」）の米原～大阪間、4804・4803列車（急行「ちくま４・３号」）の名古屋～大阪間の２往復にまで減少していた。前者は米原機関区、後者は宮原機関区の担当だった。

昭和59（1984）年１月29日　荷2032列車　EF58 93［浜］＋荷物車・郵便車　東海道本線・高槻〜山崎

第二幕　激動の日々

第二幕では、昭和59（1984）年2月1日全国ダイヤ改正から、国鉄最後の全国規模の白紙ダイヤ改正となる昭和61年11月1日改正直前までの2年9ヵ月にわたるEF58の奮闘をたどる。この時期は“激動の日々”で、EF58を追い求める同好の士らも右往左往したことが思い出される。

まず、59年2月改正では、これまで浜松機関区・米原機関区・宮原機関区のEF58と広島機関区のEF61が分担していた東海道・山陽本線における荷物列車牽引を、下関運転所に新たに配属されるEF62が一手に担うこととなった。ただ、信越本線育ちのEF62を新天地の東海道・山陽本線で運用するには、相応の準備が必要だ。そこで、これまで東京機関区ほか各区に配置されていたEF58のなかから状態良好機を厳選。26両が下関運転所に集中配置され、しばらくEF62の代打を務める運びとなった。だが、それも3月末までの約2ヵ月間に限ったものだった。

2月改正後にEF58の定期仕業が残ったのは、宇都宮運転所（12両配置。主に東北本線直流区間や山手線が縄張り）と竜華機関区（9両配置。新宮以西の紀勢本線と阪和線が縄張り）のみ。これに東海道・山陽本線の臨時仕業用として残された東京機関区の3両と宮原機関区の3両が、4月以降のEF58稼働機の陣容となる。ずいぶんと寂しくなったものだ。

しかし、それも束の間。東北新幹線の大宮～上野間延伸が図られた翌昭和60年3月14日改正では、宇都宮運転所のEF58定期仕業が消滅。宮原機関区の3両と東京機関区の2両も運用を離脱する。同改正以降のEF58関東勢の稼動機は、新鶴見機関区の61号機（東京区から転属、ただし同区に常駐）と田端機関区の89号機、122号機、141号機（宇都宮［転］から転属、ただし同［転］に常駐）のわずかに4両のみ。そして、昭和61年3月3日改正では関西勢にも激震が走った。竜華機関区のEF58全機が運用を離脱したのだ。この改正直後、関東勢でも141号機と122号機が動かなくなった。残るEF58稼動機は、61号機と89号機のたった2両。まさに風前の灯火（ともしび）、そろそろ年貢の納め時のようだ。

昭和59年2月1日全国ダイヤ改正後

昭和59（1984）年２月４日　荷31列車　EF58 48［関］＋荷物車・郵便車　東海道本線・早川〜根府川

昭和59（1984）年２月４日　荷33列車　EF58 142［関］＋荷物車・郵便車　東海道本線・根府川～真鶴

昭和59（1984）年３月３日　荷38列車　EF58 56［関］＋荷物車・郵便車　東海道本線・由比〜蒲原

高崎鉄道管理局の和式客車〈くつろぎ〉を牽くのは、東京機関区の160号機。同機は昭和59年２月改正で93号機と共に浜松機関区より転じた。ただ、東京区での活躍は短く、翌60年春には運用を終える。なお、〈くつろぎ〉の車体色はのちに大胆に改められる（203頁参照）。

昭和59（1984）年３月４日　回8348列車　EF58 160［東］＋高タカ12系和式客車〈くつろぎ〉　東海道本線・吉原～東田子の浦

昭和59（1984）年３月４日　荷38列車　EF58 118［関］＋荷物車・郵便車　東海道本線・吉原〜東田子の浦

昭和59（1984）年３月５日
8103列車　EF58 150［宮］＋大ミハ81系和式客車　東海道本線・東田子の浦～吉原

全172両のEF58のうち、35号機と36号機は乗務員室扉間の側窓数が多い変形機で、その窓配置は昭和26年度以降製造のEF15やEF18と同じだ。諸事情で製造中止を余儀なくされたメーカー仕掛品の製造再開時、仕様変更が行われたための過度期の落とし子だった。

昭和59(1984)年３月５日　荷36列車　EF58 36[関]＋荷物車・郵便車　東海道本線・吉原〜東田子の浦

昭和59（1984）年３月５日　荷38列車　EF58 113［関］＋荷物車・郵便車　東海道本線・真鶴～根府川

昭和59（1984）年３月11日　荷38列車　EF58 129［関］＋荷物車・郵便車　東海道本線・吉原～東田子の浦

昭和59（1984）年３月18日　荷36列車　EF58 164［関］＋荷物車・郵便車　東海道本線・新居町〜弁天島

昭和59（1984）年３月18日　荷31列車　EF58 118［関］＋荷物車・郵便車　東海道本線・弁天島～新居町

昭和59(1984)年３月19日　荷2031列車　EF58 125[関]＋荷物車・郵便車　東海道本線・柏原～近江長岡

昭和59（1984）年３月19日　荷2032列車　EF58 158［関］＋荷物車・郵便車　東海道本線・近江長岡〜柏原

昭和59（1984）年３月25日　8102列車　EF58 93［東］＋南シナ81系和式客車　東海道本線・原

昭和59（1984）年 3 月25日　9321列車（ミステリー 325）EF58 150［宮］＋14系座席車　東海道本線・原

昭和59（1984）年３月26日　荷32列車　EF58 125［関］＋荷物車・郵便車　東海道本線・藤沢

昭和59(1984)年４月29日
推回402列車(「津軽」回送) EF58 145［宇］＋北オク14系寝台車・14系座席車
東北本線・鶯谷

東北本線や高崎線ほかで活躍したEF58のEG化改造車は、電気暖房を装備する客車（暖房用電源なし）に対し、搭載のインバータ装置から単相交流1500Vを通電する。車体側面の「電気暖房車側表示灯」が同改造機の目印で、インバータ運転中は通電時に消灯する。

昭和59（1984）年５月１日　124列車　EF58 42［竜］＋天リウ マニ50・12系　紀勢本線・紀伊日置〜周参見

昭和59（1984）年５月３日
124列車　EF58 149［竜］＋天リウ
マニ50・12系　紀勢本線・岩代～南部

昭和59(1984)年５月３日　123列車　EF58 66[竜]＋天リウ12系・マニ50　紀勢本線・南部～岩代

昭和59(1984)年５月４日　124列車　EF58 149[竜]＋天リウ マニ50・12系　紀勢本線・古座〜紀伊田原

昭和59(1984)年５月20日　8102列車　EF58 160[東]＋南シナ14系欧風客車〈サロンエクスプレス東京〉　東海道本線・横浜〜東神奈川

紀勢本線・新宮～和歌山市間の客車普通列車の12系化は昭和59年２月改正時。編成は新宮方からマニ50＋オハ12＋スハフ12＋オハ12＋オハフ13で竜華客貨車区の所属だった。編成の中程に車掌室付スハフ12が入るのは、無人駅での車掌業務を考慮したもの。

昭和59(1984)年６月２日　124列車　EF58 147［竜］＋天リウ マニ50・12系　紀勢本線・紀伊由良～紀伊内原

昭和59(1984)年7月22日　車両区構内留置(前日9501列車～当日9524列車)　EF58 61[東]＋高タカ12系　伊豆高原車両区(伊豆急行)

昭和59（1984）年７月22日　9524列車　EF58 61［東］＋高タカ12系　伊豆急行線・城ケ崎海岸～富戸

昭和59（1984）年７月22日
停車場構内留置（9021列車機関車故障）　EF58 160［東］＋南シナ14系座席車
伊東線・伊東

この日、9021列車牽引中のEF58 160号機が伊豆急行線内で故障し立ち往生する。不幸中の幸いかな、前日より伊豆高原車両区に留置されていたEF58 61号機が救援機として急遽現場に向かい、9021列車編成を推進運転で伊東駅まで送り届け、一件落着した。

昭和59（1984）年７月23日
停車場構内入換運転（9021列車～ 9032列車）
EF58 61［東］＋南シナ14系欧風客車〈サロンエクスプレス東京〉
伊豆急行線・伊豆急下田

EF58 61の左横にたむろするのは伊豆急行の乗務員。夏の服装は、帽子の白いカバーに、ズボンの外にヒラヒラと出す肌色の盛夏シャツという粋なものだった。ただ、この帽子カバー＋盛夏シャツの着用は、今夏が最後となった。

昭和59（1984）年7月23日
9032列車：特急「サロンエクスプレス踊り子」　EF58 61［東］＋南シナ14系欧風客車〈サロンエクスプレス東京〉
伊豆急行線・今井浜海岸～伊豆稲取

昭和59(1984)年７月25日　9347列車　EF58　61[東]＋南シナ81系和式客車　東海道本線・新子安

昭和59(1984)年７月28日　9103列車：急行「きのくに53号」　EF58 66［竜］＋天リウ12系　紀勢本線・箕島

昭和59(1984)年７月30日　124列車　EF58 139［竜］＋天リウ マニ50・12系　紀勢本線・紀伊内原～御坊

昭和59（1984）年７月31日
123列車　EF58 99［竜］＋天リウ12系・マニ50　紀勢本線・稲原～和佐

昭和59(1984)年8月2日　124列車　EF58 99［竜］＋天リウ マニ50・12系　紀勢本線・双子山(信)〜見老津

昭和59(1984)年８月２日　123列車　EF58 42［竜］＋天リウ12系・マニ50　紀勢本線・周参見～紀伊日置

展示の36号機、96号機、138号機は下関運転所の配置で、廃車前提の休車だ。ただ、前の二つは59年2月改正までは米原機関区配置で、138号機は宮原機関区の配置だった。74号機もともとは米原組だが、この時点では書類上、稲沢第二機関区の配置で休車だった。

昭和59(1984)年8月3日　機関区構内展示　EF58 36[関]　EF58 74[稲二]　EF58 96[関]　EF58 138[関]　米原機関区

昭和59(1984)年８月５日　9327列車　EF58 61[東]＋14系座席車　東海道本線・東京

昭和59（1984）年８月７日
8115列車：急行「銀河51号」　EF58 160［東］＋14系座席車　東海道本線・東京

昭和59(1984)年８月11日　回6106列車　EF58 116[宇]＋12系　東北本線・日暮里

昭和59（1984）年８月18日
9521列車（〈サロンエクスプレス東京〉ブルーリボン賞受賞記念）
EF58 61［東］＋南シナ14系欧風客車〈サロンエクスプレス東京〉
山手線・目黒〜恵比寿

昭和59（1984）年８月21日
荷38列車　EF58 145［宇］＋荷物車・郵便車
東北本線・栗橋〜東鷲宮

東海道・山陽本線の荷物列車は、59年３月末に牽引機がEF58からEF62に交代した。一方、東北本線の直流区間では、その後もEF58牽引の荷物列車が見られたが、これも60年３月改正でEF64 1000番台に取って代わられる運命だ。

昭和59（1984）年８月21日　9512列車　EF58 114［宇］＋長ナノ12系和式客車〈白樺〉　東北本線・蓮田〜東大宮

昭和59（1984）年８月23日　8102列車　EF58 93［東］＋14系座席車　東海道本線・大森～大井町

昭和59(1984)年８月26日　9432列車(登呂やよい号)　EF58 93[東]＋14系座席車　東海道本線・袋井～掛川

昭和59(1984)年9月1日　荷2634列車　EF58 114[宇]+ワサフ8000(荷貨共用車)・マニ44　山手線・目黒

俗に言う“山手貨物線”を走る荷物列車の光景だが、機関車次位に連結された側面が銀色の車両はワサフ8000形という荷貨共用の貨車。同胞のワキ8000形と共になぜか荷物車としての運用ばかりで、貨車の本分を発揮したことのない不思議な存在だった。

「お召訓練」の客車は、通常、御料車新１号編成とブレーキシステムなどが同じ旧型客車が用いられてきたが、このときはなぜか14系座席車だった。

昭和59（1984）年９月13日　回9515列車（お召訓練）　EF58 89［宇］＋14系座席車　山手線・目黒～恵比寿

昭和59(1984)年９月16日　荷1036列車　EF58 116[宇]＋荷物車・郵便車　東北本線・東十条

昭和59（1984）年９月22日
9023列車：特急「踊り子55号」　EF58 150［宮］＋南シナ14系座席車　伊東線・来宮～伊豆多賀

昭和59（1984）年９月27日　お召列車　EF58 61［東］＋南シナ御料車新１号編成　東北本線・矢板〜片岡

昭和59（1984）年10月10日　8541列車　EF58 168［宇］＋12系　山手線・恵比寿～渋谷

昭和59(1984)年10月25日
9842列車　EF58 168[宇]＋大ミハ14系欧風客車〈サロンカーなにわ〉　日光線・日光

昭和59(1984)年10月28日
回8102列車　EF58 93［東］＋大ミハ81系和式客車　東海道本線・根府川～早川

昭和59(1984)年11月４日
6348列車　EF58 127[宮]＋天リウ12系　東海道本線・品川

昭和59(1984)年11月10日
9311列車　EF58 61[東]＋名ナコ12系和式客車(ナコ展：展望室付)　東海道本線・根府川～真鶴

昭和59(1984)年11月17日
9503列車　EF58 160[東]＋南シナ14系欧風客車〈サロンエクスプレス東京〉　伊豆急行線・川奈～富戸

昭和59（1984）年11月17日　回9528列車　EF58 160［東］＋南シナ14系欧風客車〈サロンエクスプレス東京〉　東海道本線・熱海

俗に“試客”と呼ばれた試6961列車（試運転列車）は、品川→大船→小田原間（旅客線経由）の運転で、大船工場入出場客車の回送にも用いられた。復路は小田原→品川間（貨物線経由）試6962列車で、両列車とも59年２月改正前は浜松機関区EF58の担当だった。

昭和59（1984）年11月24日　試6961列車　EF58 61［東］＋南シナ マニ36・南トメ マニ44　東海道本線・大井町

昭和59（1984）年11月28日　8104列車
EF58 61［東］＋南シナ14系欧風客車〈サロンエクスプレス東京〉
東海道本線・東京

昭和59（1984）年12月８日
9842列車　EF58 160［東］＋南シナ81系和式客車　東海道本線・大井町〜品川

昭和59（1984）年12月８日　荷38列車　EF58 168［宇］＋荷物車・郵便車　東北本線・東十条～王子

昭和59（1984）年12月８日
9025列車　EF58 61［東］＋南シナ14系欧風客車〈サロンエクスプレス東京〉　東海道本線・茅ケ崎～平塚

昭和59（1984）年12月13日　9101列車　EF58 61［東］＋南シナ14系欧風客車〈サロンエクスプレス東京〉　東海道本線・近江長岡～醒ケ井

昭和59（1984）年12月29日　回8404列車　EF58 151［宇］＋盛アオ12系　東北本線・蓮田〜東大宮

昭和59（1984）年12月29日　回6106列車　EF58 103［宇］＋仙セン12系　東北本線・蓮田～東大宮

回送にて上京の12系客車は、下りの年末帰省列車となる。この8105列車は上野駅を22時48分に発車（宇都宮駅発は０時30分）、終点の盛岡駅は８時00分着、同新庄駅は７時04分着だ。当時、東北新幹線は大宮始発ゆえ、廉価な夜行急行にはまだまだ需要があった。

昭和59（1984）年12月30日　8105列車：急行「いわて51号・ざおう61号」　EF58 89［宇］＋仙セン12系　東北本線・宇都宮

昭和59（1984）年12月30日
荷1036列車　EF58 116［宇］＋荷物車・郵便車　東北本線・蒲須坂～氏家

昭和59（1984）年12月30日　回8402列車　EF58 89［宇］＋12系　東北本線・野崎〜矢板

昭和60(1985)年1月1日　128列車　EF58 42[竜]＋天リウ マニ50・12系　紀勢本線・切目～岩代

昭和60（1985）年１月１日
123列車　EF58 44［竜］＋天リウ12系・マニ50　紀勢本線・岩代～切目

昭和60（1985）年１月２日　123列車　EF58 39［竜］＋天リウ12系・マニ50　紀勢本線・下里～紀伊浦神

昭和60（1985）年１月４日

124列車　EF58 39［竜］＋天リウ マニ50・12系　紀勢本線・紀伊日置～周参見

昭和60（1985）年１月５日
402列車：急行「津軽」（大幅遅れ）　EF58 154［宇］＋北オク14系寝台車・14系座席車　東北本線・古河〜栗橋

昭和60(1985)年1月20日
荷38列車　EF58 145［宇］＋荷物車・郵便車　東北本線・間々田～野木

元浜松機関区の91号機は廃車後、大宮工場で往年のブルートレイン塗色に化粧直しされた。東海道・山陽本線で昭和30年代後半に「はやぶさ」「さくら」など20系特急を牽いていたころの専用機塗色だ。ただ、91号機は現役時代、この塗色を纏ったことはない。

昭和60(1985)年1月20日　民間私有地内展示物　EF58 91＋旧型客車(共に廃車済)　山手線恵比寿駅接続ビール会社専用側線跡地

昭和60（1985）年１月27日
回8411列車　EF58 160［東］＋大ミハ81系和式客車　東海道本線・用宗～焼津

昭和60（1985）年２月３日　荷38列車　EF58 116［宇］＋荷物車・郵便車　東北本線・久喜〜白岡

昭和60（1985）年２月９日　回9822列車　EF58 122［宇］＋北オク12系和式客車　日光線・日光〜今市

昭和60（1985）年２月23日　試6962列車　EF58 61［東］＋南シナ マニ36・14系寝台車　東海道本線（貨物支線：品鶴線）新鶴見（信）

昭和60（1985）年２月23日
停車場構内入換運転（単9843列車～9844列車）　EF58 160［東］＋天リウ12系〈サイエンストレイン エキスポ号〉　東海道本線・保土ケ谷

昭和60（1985）年３月３日　荷2032列車　EF58 154［宇］＋荷物車・郵便車　高崎線・高崎

昭和60（1985）年３月３日
荷34列車　EF58 122［宇］＋荷物車・郵便車
常磐線（貨物支線）三河島〜隅田川

東海道本線の荷物列車が汐留駅発着なのに対し、東北本線や高崎線の荷物列車は隅田川駅発着となる。後者はいまは貨物駅だが、当時は旅客・貨物双方を担う一般駅の扱いだった。手荷物・小荷物輸送は旅客局の管轄で、荷物列車は旅客列車の一部とされていたためだ。

昭和60（1985）年３月３日　9842列車（さよなら20系銀河号）　EF58 160［東］＋大ミハ20系　東海道本線・平塚

この回送列車は尻にマニ44を連結する。マニは転属車ではなく緩急車としての連結と思われる。当時、客車列車の最後部は車掌弁付の車掌室を備えた緩急車とする定めがあった。なお、荷物車・郵便車はスニ40、スユ44などの例外を除き、原則は緩急車だった。

昭和60（1985）年３月９日
回9203列車（仙台→四国転属回送）　EF58 126［宮］＋オハ50・マニ44　山陽本線・岡山

昭和60（1985）年３月10日
124列車　EF58 99［竜］＋天リウ マニ50・12系　紀勢本線・岩代～南部

昭和60（1985）年３月10日　9105列車　EF58 44［竜］＋大ミハ14系欧風客車〈サロンカーなにわ〉　紀勢本線・椿～紀伊富田

昭和60（1985）年３月10日
123列車　EF58 139［竜］＋天リウ12系・マニ50　紀勢本線・椿～紀伊富田

昭和60（1985）年３月31日
9141列車（宴会号）　EF58 89［田］＋南シナ14系欧風客車〈サロンエクスプレス東京〉　武蔵野線・三郷

昭和60年3月14日全国ダイヤ改正後

昭和60（1985）年４月２日
機関区構内展示　EF58 61〔新〕　EF58 89〔田〕　高崎第二機関区

昭和60（1985）年４月16日　9041列車　EF58 122［田］＋南シナ81系和式客車　高崎線・上尾〜桶川

昭和60(1985)年４月28日　機関区構内展示
EF58 138[関]　EF58 36[関]　EF58 61[新]　EF58 74[稲]　EF58 96[関]　米原機関区

米原機関区の第２回展示会の風景。この時は目玉として、新鶴見機関区配置（東京機関区常駐）のEF58 61が登場。同機は単行機関車列車で遠路はるばる米原駅まで往復している。往路は４月27日の単7111列車、復路は４月30日の単6344列車だった。

昭和60（1985）年４月29日
8102列車：急行「きのくに54号」　EF58 99［竜］＋天リウ12系
阪和線・長滝～新家

昭和60（1985）年４月29日
9301列車：急行「きのくに51号」　EF58 44［竜］＋天リウ12系　阪和線・紀伊～山中渓

昭和60(1985)年４月29日　停車場構内入換運転(9301列車～)　EF58 44[竜]＋天リウ12系　関西本線・天王寺

昭和60（1985）年６月６日
9509列車　EF58 122［田］＋静ヌマ12系和式客車〈いこい〉・スハフ14　東海道本線・品川

昭和60(1985)年６月15日
121列車　EF58 99[竜]＋天リウ12系　紀勢本線・紀伊日置

紀勢本線の新宮駅以西を走る客車の普通列車は、60年３月改正で日中２往復から１往復に減り、荷物車マニ50の連結もなくなる。当時、東海道本線などの荷物列車も、ダイヤ改正のたびに編成が短くなっていった。民間事業者による宅配便の躍進が影響していたようだ。

昭和60（1985）年６月15日　回9124列車　EF58 39［竜］＋長ナノ12系和式客車〈白樺〉　紀勢本線・紀伊日置～周参見

昭和60（1985）年６月15日　9108列車　EF58 44［竜］＋大ミハ14系欧風客車〈サロンカーなにわ〉　紀勢本線・湯浅～紀伊由良

昭和60（1985）年６月16日
121列車　EF58 66［竜］＋天リウ12系　紀勢本線・紀伊田原〜古座

昭和60（1985）年７月11日　停車場構内入換待機（9105列車〜）　EF58 61［新］＋南シナ14系欧風客車〈サロンエクスプレス東京〉　横須賀線・横須賀

昭和60（1985）年７月11日
停車場構内入換運転　EF58 61［新］　横須賀線・横須賀

昭和60（1985）年７月11日　停車場構内入換（機回し）運転（～回9824列車）　EF58 61［新］　横須賀線・横須賀

昭和60（1985）年７月18日　8103列車　EF58 61［新］＋南シナ14系欧風客車〈サロンエクスプレス東京〉　東海道本線・由比～興津

昭和60（1985）年７月20日
9026列車：特急「踊り子58号」　EF58 61［新］＋南シナ14系座席車
伊豆急行線・今井浜海岸～伊豆稲取

昭和60(1985)年７月21日
停車場構内入換運転(9021列車〜)　EF58 61[新]＋南シナ14系座席車
伊豆急行線・伊豆急下田

入換運転中の運転士が被っている黄色い作業帽は私鉄ならではのもので、国鉄の機関士では見たことがない。西武鉄道などでも貨物列車の運転士が黄色い作業帽を被っていた。

昭和60（1985）年７月21日　停車場構内入換（機回し）運転　EF58 61［新］　伊豆急行線・伊豆急下田

昭和60（1985）年７月21日
停車場構内入換（機回し）運転　EF58 61［新］　伊豆急行線・伊豆急下田

伊豆急下田駅構内の留置線に、機関車の機回し用渡り線が新たに設けられた。これが出来る前は、臨時客車列車の牽引機（国鉄機）に加え、伊豆急行所有の電機ED25 11も用いて、複雑な入換運転により牽引機の連結位置変更を行っていた。

昭和60（1985）年７月21日　停車場構内入換待機（〜 9026列車）　EF58 61［新］＋南シナ14系座席車　伊豆急行線・伊豆急下田

昭和60(1985)年7月21日
9026列車：特急「踊り子58号」　EF58 61［新］＋南シナ14系座席車
伊豆急行線・稲梓～河津

昭和60（1985）年７月26日
9023列車：特急「サロンエクスプレス踊り子」　EF58 61［新］＋南シナ14系欧風客車〈サロンエクスプレス東京〉　東海道本線・大井町〜大森

昭和60（1985）年７月28日　121列車　EF58 147［竜］＋天リウ12系　紀勢本線・紀伊田原～古座

昭和60(1985)年7月28日　単9122列車　EF58 44［竜］　紀勢本線・古座

昭和60(1985)年７月28日　9301列車：急行「きのくに51号」　EF58 139［竜］＋岡オカ14系座席車　紀勢本線・周参見〜紀伊日置

昭和60（1985）年７月28日　8101列車：急行「きのくに53号」　EF58 66［竜］＋岡オカ14系座席車　紀勢本線・南部～岩代

昭和60（1985）年８月10日
9302列車：急行「お座敷きのくに」　EF58 170［竜］＋天リウ12系和式客車　阪和線・杉本町〜浅香

阪和線を走る客車列車の牽引機は竜華機関区、客車は竜華客貨車区をねぐらとした。結果、運用には関西本線の竜華（操）～天王寺間に回送が生じた。この回送では、EF58は単行機関車列車、客車はDE10牽引となっていた。竜華操車場の客車側の着発線が非電化だったためだ。

昭和60（1985）年８月10日　単9252列車　EF58 99［竜］　関西本線・加美

昭和60（1985）年８月12日
9301列車：急行「きのくに51号」　EF58 139［竜］＋天リウ12系　紀勢本線・紀伊由良～湯浅

昭和60（1985）年８月16日
9023列車：特急「サロンエクスプレス踊り子」　EF58 61［新］＋南シナ14系欧風客車〈サロンエクスプレス東京〉　東海道本線・早川～根府川

昭和60（1985）年９月14日
回9524列車　EF58 61［新］＋南シナ14系座席車　伊東線・伊豆多賀～来宮

昭和60(1985)年９月15日　9516列車　EF58 141［田］＋南シナ81系和式客車　東北本線・久喜〜白岡

昭和60（1985）年９月16日　回9327列車　EF58 61［新］＋南シナ81系和式客車　東海道本線・品川〜大井町

93号機は59年２月に浜松機関区から東京機関区に転じたが、不調で同年秋には運用離脱する。同機は廃車後、往年の青大将塗色に化粧直しのうえ大宮工場で保管された。特急「つばめ」「はと」牽引時代の専用色だが、93号機は現役時代、この塗色を纏ったことはない。

昭和60（1985）年10月６日　車両工場構内展示　EF58 93（廃車済）　大宮工場

昭和60（1985）年10月13日
9301列車（サロンエクスプレスつきじ市場号）　EF58 61［新］＋南シナ14系欧風客車〈サロンエクスプレス東京〉　東海道本線・函南〜三島

昭和60（1985）年10月13日
単6344列車　EF58 61［新］　東海道本線・函南～熱海（丹那隧道西側坑口付近）

昭和60（1985）年10月25日
9126列車　EF58 66［竜］＋南シナ14系欧風客車〈サロンエクスプレス東京〉　阪和線・山中渓～紀伊

昭和60（1985）年10月26日
9026列車：特急「踊り子58号」　EF58 61［新］＋南シナ14系座席車　東海道本線・熱海

昭和60(1985)年11月４日
9726列車　EF58 61［新］＋南シナ14系欧風客車〈サロンエクスプレス東京〉　高崎線・岡部～深谷

昭和60（1985）年12月１日　9423列車　EF58 122［田］＋北オク20系　武蔵野線（貨物支線）馬橋～南流山

昭和60（1985）年12月１日　9423列車　EF58 122［田］＋北オク20系　武蔵野線・新三郷

昭和61年3月3日全国ダイヤ改正後

昭和61（1986）年３月13日　停車場構内入換待機（～ 9522列車）　EF58 89［田］＋南シナ81系和式客車　伊豆急行線・伊豆急下田

スロ81・スロフ81の6両編成で活躍した品川客車区の和式客車も、これが最終運用となった。ただ、廃車はされず水戸客貨車区に転属、新たな活路を見いだす。青15号だった車体色も青20号に改められ（のちにぶどう色2号になる）、〈ふれあい〉という愛称も与えられる。

昭和61（1986）年3月13日　9522列車　EF58 89［田］＋南シナ81系和式客車　伊豆急行線・伊豆大川〜伊豆高原

昭和61（1986）年３月29日　9445列車　EF58 61［新］＋EF58 89［田］＋南シナ12系和式客車〈江戸〉　東海道本線・弁天島～新居町

昭和61（1986）年４月26日　9545列車　EF58 89［田］＋高タカ12系和式客車〈くつろぎ〉　山手線・池袋

昭和61(1986)年5月18日　9632列車　EF58 89［田］＋北オク14系座席車　両毛線・栃木～大平下

昭和61（1986）年５月31日　9632列車　EF58 89［田］＋北オク12系和式客車　両毛線・国定〜伊勢崎

昭和61（1986）年６月１日
9633列車　EF58 89［田］＋北オク12系和式客車　上越線・井野～新前橋

昭和61（1986）年６月４日　9723列車　EF58 89［田］＋北オク12系　横須賀線・北鎌倉〜鎌倉

昭和61（1986）年６月21日
9108列車　EF58 89［田］＋水ミト81系和式客車〈ふれあい〉　東北本線・蒲須坂～氏家

昭和61（1986）年８月26日　9731列車〈EF上越号〉　EF58 61［新］＋EF58 89［田］＋高タカ12系　上越線・越後中里～岩原スキー場前（臨）

昭和61（1986）年８月26日　9734列車（EF上越号）　EF58 89［田］＋EF58 61［新］＋高タカ12系　上越線・越後中里～土樽

「サロンエクスプレスそよかぜ」は横須賀線の逗子駅と信越本線の軽井沢駅を結んだ臨時特急。運転区間のうち、逗子～高崎間は新鶴見機関区のEF65またはEF58の牽引とされ、昭和61年の秋臨からEF58 61がよく入るようになった。

昭和61（1986）年９月14日
9032列車：特急「サロンエクスプレスそよかぜ」　EF58 61［新］＋南シナ14系欧風客車〈サロンエクスプレス東京〉　横須賀線・鎌倉～北鎌倉

昭和61（1986）年９月15日
9042列車：特急「サロンエクスプレスそよかぜ」　EF58 61［新］＋南シナ14系欧風客車〈サロンエクスプレス東京〉
高崎線・岡部～深谷

昭和61(1986)年9月27日
回9443列車　EF58 61［新］＋南シナ14系欧風客車〈サロンエクスプレス東京〉
東海道本線・金谷～菊川

昭和61（1986）年10月10日
機関区構内展示　EF58 93（廃車済）　高崎第二機関区

第２回目の高崎第二機関区展示会での風景。当時は同区のほか、米原機関区や浜松機関区でも展示会を催していた。いずれも展示車両は質・量ともに目を見張るものがあり、いまのJRなら10万円ぐらい入場料をとりそうなところ、すべて無料だった。国鉄は懐が大きい。

第１回目展示会（60年春）でのEF58の展示は61号機と89号機だったが、今回は装いも新たに66号機、93号機、122号機、172号機が揃えられた。122号機以外は廃車済だが、66号機などははるばる関西から運ばれてきた。高崎第二機関区の心意気が憎い。

昭和61（1986）年10月10日　機関区構内展示　EF58 66（廃車済）　高崎第二機関区

昭和61（1986）年10月10日
9713列車　EF58 61［新］＋南シナ12系和式客車〈江戸〉　上越線・津久田〜岩本

昭和61（1986）年10月12日
回9623列車　EF58 61［新］＋南シナ12系和式客車〈江戸〉
東海道本線・根府川～真鶴

昭和61（1986）年10月14日
9732列車（鉄道記念日ミステリー号）　EF58 61［新］＋高タカ スエ78・旧型客車
東海道本線（貨物支線：品鶴線）新鶴見（信）

昭和61（1986）年10月26日　9102列車　EF58 89［田］＋水ミト81系和式客車〈ふれあい〉　東北本線・宝積寺～岡本

第三幕　奇跡の夜明け

稼動機が61号機と89号機の2両となり、いよいよ先が見えたかに思えたEF58だったが、国鉄最後の全国ダイヤ改正となる昭和61（1986）年11月1日改正以降、奇跡が起こる。第三幕では、同改正から昭和の終わりまでの約2年2ヵ月間のEF58の活躍ぶりをご覧いただく。11月改正に絡み61号機は、田端機関区改め田端運転所に書類上、転属（東京運転区常駐）。また、89号機は文字どおりの配置先、田端運転所常駐とされた。

どういう奇跡が起こったのか。まずは11月改正の直前、10月29日に122号機が静岡運転所に転属する。廃車前提の休車かと思われた122号機だったが、ここから奇跡の復活を遂げ、11月改正以降、静岡鉄道管理局仕立ての臨時列車牽引に精を出していく。年明けの昭和62年3月には大阪にも顔を出した。

その大阪でも奇跡が起こっていた。昭和61年3月31日付で廃車、以後、宮原機関区→大阪機関区宮原派出所で保管されていた150号機（もとは宮原機関区配置だったが、廃車時は書類上、吹田機関区に所属）が、なんと62年2月10日に鷹取工場へ入場、全般検査を受けて、3月6日にまさかの車籍復活を遂げる。そして書類上、梅小路運転区配置となり、大阪鉄道管理局仕立ての臨時列車牽引に勤しむ日々が始まった。

ご承知のように、昭和62年3月31日に公共企業体「日本国有鉄道」は終わり、翌4月1日に国鉄の事業を承継する各新法人が発足する。この大変革を乗り越えた4両のEF58稼動機は、61号機と89号機がJR東日本に（61号機の常駐先は東京運転区から品川運転所に名を変える）、122号機がJR東海に、そして150号機がJR西日本に、それぞれ継承された。新法人発足から1年後の昭和63年3月31日、三度目の奇跡が起こる。157号機の車籍復活だ。同機は昭和60年9月30日付で廃車となったが（もとは浜松機関区の配置で、廃車時は下関運転所に所属）、運よく解体を免れ、国鉄清算事業団が備品として旧浜松機関区跡で保管していた。それをJR東海が購入し、車籍復活後に浜松工場で全般検査を施行、63年4月30日には出場して配置先の静岡運転所に単機で向かった。以後、同胞122号機と共に臨時列車や工事列車の牽引に重宝される。

昭和61年11月1日全国ダイヤ改正後

昭和61（1986）年11月11日
9320列車　EF58 122［静］＋静ヌマ14系座席車　東海道本線・三島～函南

昭和61（1986）年11月24日　9334列車　EF58 89[田]＋水ミト81系和式客車〈ふれあい〉　東海道本線・吉原～東田子の浦

昭和61（1986）年12月30日
9027列車：特急「踊り子99号」
EF58 61［田］＋南シナ14系座席車
東海道本線・早川～根府川

昭和62（1987）年１月９日　9944列車（成田臨）EF58 122［静］＋静ヌマ14系座席車　東海道本線・真鶴

昭和62(1987)年1月17日
回8411列車　EF58 122[静]＋名ナコ12系和式客車(ナコ展：展望室付)　東海道本線・三河大塚〜三河三谷

昭和62（1987）年１月24日　9027列車：特急「踊り子99号」　EF58 61［田］＋南シナ14系座席車　東海道本線・新子安

昭和62（1987）年２月20日
8103列車　EF58 61［田］＋南シナ12系和式客車〈江戸〉＋南シナ14系欧風客車〈サロンエクスプレス東京〉
東海道本線・能登川～安土

昭和62（1987）年３月15日
9445列車（さよなら国鉄二俣線記念号）　EF58 122［静］＋静ヌマ14系座席車　東海道本線・六合〜島田

昭和62（1987）年３月22日　回9946列車　EF58 150［梅］＋大ミハ旧型客車・マイテ49　山陽本線・塩屋～須磨

昭和62(1987)年３月22日
回9946列車　EF58 150[梅]＋大ミハ旧型客車・マイテ49
東海道本線・芦屋～西ノ宮(現・西宮)

上り外側線を走るEF58 150号機牽引の臨時列車を、上り内側線の113系快速電車が猛スピードで追いあげていく。EF58牽引列車は最高速度95km/hの設定なので、最高速度100km/hの近郊型電車相手では幾分、旗色が悪い。113系も、いまとなっては懐かしき存在だ。

昭和62(1987)年３月24日
9441列車　EF58 122[静]＋静ヌマ12系和式客車〈いこい〉
東海道本線・山崎〜高槻

122号機は昭和61年10月に田端運転所から静岡運転所に転じ、62年に入って動きが活発化する。品川へ、名古屋へと東海道を股にかけた働きを見せるが、この日、ついに大阪までやってきた。「電気暖房車側表示灯」付EF58を関西で拝めるとは想像だにしなかった。

昭和62(1987)年４月29日　停車場構内留置(9444列車～ 9445列車)　EF58 150［梅］　東海道本線・名古屋

昭和62年4月1日　国鉄分割民営化後

昭和62(1987)年９月14日
9042列車：特急「サロンエクスプレスそよかぜ」　EF58 61[田]＋東シナ14系欧風客車〈サロンエクスプレス東京〉　高崎線・籠原〜熊谷

昭和62（1987）年12月６日　9814列車　EF58 61［田］＋高タカ12系和式客車〈くつろぎ〉　東海道本線・函南〜熱海（来宮〔信〕：伊東線帰属来宮駅構内扱）

昭和62(1987)年12月29日
9434列車：「ふるさと号」 EF58 150[梅]＋本ミハ マイテ49・広コリ12系 山陽本線・小月～埴生

昭和63(1988)年1月10日
9831列車(成田臨)　EF58 61[田]+長ナノ12系
成田線・安食〜下総松崎

電化路線でありながらも成田線を走る客車列車は、従来、佐倉機関区のDD51が牽引していた。ところがJR発足後に迎えた最初の正月の成田山初詣臨からは、EF58、EF64、EF81など電機が続々参入する。国鉄時代ならば、労組との関係もあって実現できなかった展開だ。

昭和63年3月13日　JRグループ全国ダイヤ改正後

昭和63（1988）年３月27日　9944列車（天理臨）　EF58 150［梅］＋本ヒメ12系　東海道本線・新大阪

昭和63（1988）年４月３日　9304列車（JR西日本1周年記念）　EF58 150［梅］＋本ミハ14系欧風客車〈サロンカーなにわ〉　山陽本線・笠岡

車籍復活したEF58 157が浜松工場を出場、高塚駅から配置先の静岡運転所（静岡駅最寄り）へ単行機関車列車で向かうところ。同機の正面フロントガラスは、浜松機関区～下関運転所時代は黒Hゴム支持だったが、新たに白Hゴム支持となり、顔の印象が変わった。

昭和63（1988）年４月30日　単9458列車　EF58 157［静］　東海道本線・金谷

昭和63（1988）年５月１日
回9621列車　EF58 61［田］＋東シナ14系欧風客車〈サロンエクスプレス東京〉
東海道本線・東神奈川～横浜

昭和63（1988）年５月２日
9042列車：特急「サロンエクスプレスそよかぜ」　EF58 61［田］＋東シナ14系欧風客車〈サロンエクスプレス東京〉　東北本線・北浦和～浦和

昭和63（1988）年５月15日　9440列車　EF58 157［静］＋海ナコ14系座席車　東海道本線・西岡崎〜岡崎

昭和63（1988）年５月19日　工9652列車　EF58 122［静］＋貨車（ホキ・チキ）　御殿場線・下土狩～裾野

昭和63（1988）年５月19日　工9652列車　EF58 122［静］＋貨車（ホキ・チキ）　御殿場線・御殿場～足柄

昭和63（1988）年８月１日　9601列車：急行「但馬ビーチ」　EF58 150［梅］＋本ミハ12系　山陽本線・舞子

四国の地を走るEF58。皮肉にも本州と四国・北海道のレールがつながったのは、国鉄分割から1年後の昭和63年春だった。この150号機を運転するのはJR貨物・岡山機関区の運転士だ。JR四国の運転士は、主幹制御器が手動進段式のEF58をまだ扱えなかった。

昭和63(1988)年8月21日　9203列車　EF58 150[梅]＋本ミハ12・14系和風客車〈あすか〉　予讃線・讃岐塩屋〜多度津

昭和63（1988）年９月４日　9242列車　EF58 150［梅］＋本ミハ旧型客車・マイテ49　東海道本線・京都

昭和63（1988）年10月10日
停車場構内留置（回9432列車～回9435列車）　EF58 61［田］＋東シナ マニ50・14系座席車＋EF58 89［田］　青梅線・河辺

昭和63（1988）年10月10日
9434列車（品川運転所ミステリー列車）　EF58 89［田］＋東シナ14系座席車・マニ50＋EF58 61［田］　青梅線・牛浜～拝島

オリエント急行の日本国内運行は、フジテレビジョン開局30周年の記念イベントだった(日立製作所協賛)。その客車はフランスはパリ・リヨン駅から旅立ち、西・東ドイツ、ポーランド、ソ連、中国を経て香港の九龍駅へ。そこからは船で徳山下松港へと渡った。

昭和63(1988)年11月11日
9107列車(日立オリエント・エクスプレス'88)　EF58 122[静]+東シナ
オニ23・"オリエント急行" NIOE客車(LX16型寝台車ほか)・マニ50　東海道本線・高塚

昭和63（1988）年11月12日
停車場構内展示（9102列車～、日立オリエント・エクスプレス'88）
EF58 122［静］＋東シナ オニ23・"オリエント急行" NIOE客車（LX16型寝台車ほか）・マニ50
東海道本線・熱田

昭和63（1988）年12月31日　9605列車：急行「但馬85号」　EF58 150［梅］＋本ミハ12系　山陽本線・垂水〜舞子

豊川稲荷初詣の団体臨時列車で、前日の昭和天皇崩御によりヘッドマーク取付が急遽中止されたと聞く。団体旅行募集時は“昭和64年初詣”と謳われていたのだろう。当時、EF58の飯田線入線は豊川駅までだったが、この年の11月、辰野まで入線可能となる。

平成元（1989）年１月８日（昭和64年最終日の翌日）　9821列車（豊川稲荷初詣）　EF58 157［静］＋海ナコ12系和式客車〈いこい〉　飯田線・牛久保

著者紹介

所澤秀樹（しょざわ・ひでき）

1960年東京都生まれ。神戸市在住。日本工業大学卒業。

著書：『鉄道時刻表の暗号を解く』『「快速」と「準急」はどっちが早い？　鉄道のオキテはややこしい』『鉄道フリーきっぷ　達人の旅ワザ』『日本の鉄道　乗り換え・乗り継ぎの達人』（以上、光文社新書）、『鉄道会社はややこしい「相互直通運転」の知られざるからくりに迫る！』（第38回交通図書賞受賞）『鉄道地図は謎だらけ』『旅がもっと楽しくなる　駅名おもしろ話』『青春18きっぷで愉しむ　ぶらり鈍行の旅』（以上、光文社知恵の森文庫）、『時刻表タイムトラベル』（ちくま新書）、『鉄道地図残念な歴史』（ちくま文庫）、『鉄道手帳』（2009〜2021年版）『鉄道の基礎知識［増補改訂版］』『国鉄の基礎知識』『東京の地下鉄相互直通ガイド［第２版］』（以上、創元社）、など多数。

EF58 昭和末期の奮闘

2025年４月20日　第１版第１刷発行

著　者　所澤秀樹

発行者　矢部敬一

発行所　株式会社 創元社

https://www.sogensha.co.jp/

本　　社　〒541-0047 大阪市中央区淡路町4-3-6

Tel.06-6231-9010(代)　Fax.06-6233-3111

東京支店　〒101-0051 東京都千代田区神田神保町1-2 田辺ビル

Tel.03-6811-0662(代)

印刷所　TOPPANクロレ株式会社

装　丁　濱崎実幸

ISBN978-4-422-24113-5　C0065

EF58 昭和50年代の情景

所澤秀樹著　昭和21年に登場し、50年以上の長きにわたり、旅客列車用の機関車として獅子奮迅の働きをみせたEF58。その雄姿は多くの鉄道ファンを魅了した。本書では、著者秘蔵の200枚以上の写真を中心に、昭和50年３月から61年までのゴハチの軌跡を紹介する。　B5判・232頁　2,600円

EF58 国鉄最末期のモノクロ風景

所澤秀樹著　1958年までに計172両が製造され、国鉄最晩年まで主要幹線において旅客輸送の主力を担ったゴハチ。本書では、昭和60年３月14日のダイヤ改正以降、昭和62年３月31日の国鉄最後の日までの２年間に著者が撮影したEF58の記録写真を厳選して収録。　B5判・196頁　2,500円

EF58 国鉄民営化後の残像

所澤秀樹著　国鉄民営化以降の14年間のゴハチ臨時列車の記録写真集。晩年まで主要幹線で活躍するも、国鉄からJRに承継されたのは全国でわずか５両のみ。著者はその最後の勇姿を記憶と記録にとどめるべく、全国各地で撮影に勤しんだ。厳選写真230点を収録。　A5判・208頁　2,400円

飯田線のEF58

所澤秀樹著　全長195.7km。天竜川に沿って峻険な山間部を縫うように進む飯田線は、国鉄時代から多くの鉄道ファンを惹きつけてきた。そして多くの人が知るように、この興趣に富んだ路線をEF58が駆け抜けた時代があった――著者蔵出し写真360点を収録。　A5判・192頁　2,400円

鉄道手帳 [各年版]

来住憲司監修／創元社編集部編　鉄道情報満載の唯一の専門手帳。路線図、資料編約40頁を収録。　B6判・248頁　1,400円

鉄道の基礎知識 [増補改訂版]

所澤秀樹著　鉄道システム全般をより幅広く、より精緻に解説。写真・図版1400点超。巻末付録付き。　A5判・624頁　2,800円

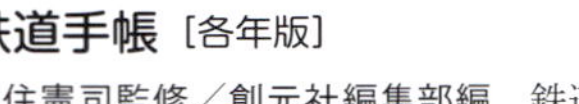

車両の見分け方がわかる！ 関西の鉄道車両図鑑 [第２版]

来住憲司著　いま関西で見られるJR、大手・中小私鉄、公営鉄道、計35社局の現役車両を収録。　四六判・328頁　2,500円

東京の地下鉄相互直通ガイド [第２版]

所澤秀樹、来住憲司著　世界一複雑かつ精緻な相互直通運転の実態を徹底解説。好評の初版を大改訂。A5判・192頁　2,200円

決定版 日本珍景踏切

伊藤博康著　全国に点在するユニークな踏切をまとめた唯一無二の踏切ガイド。いざ、踏切探訪へ。　A5判・144頁　2,000円

＊価格には消費税は含まれていません。